市民

SHIMIN
LAJI FENLEI ZHINAN

垃圾分类

指南

《市民垃圾分类指南》编写组 编

大连出版社
DALIAN PUBLISHING HOUSE

© 《市民垃圾分类指南》编写组 2020

图书在版编目(CIP)数据

市民垃圾分类指南 / 《市民垃圾分类指南》编写组
编. —大连：大连出版社, 2020.11（2023.1重印）
ISBN 978-7-5505-1563-5

Ⅰ. ①市… Ⅱ. ①市… Ⅲ. ① 垃圾处理—指南
Ⅳ. ①X705-62

中国版本图书馆CIP数据核字(2020)第093549号

SHIMIN LAJI FENLEI ZHINAN
市 民 垃 圾 分 类 指 南

出 版 人：代剑萍
策划编辑：卢 锋 孙德彦
责任编辑：乔 丽 姚 兰 安晓雪
绘 图：王佳蓉 张 睿 温天悦 刘 星
封面设计：林 洋
版式设计：温天悦
责任校对：杨 琳
责任印制：徐丽红

出版发行者：大连出版社
　　　地址：大连市高新园区亿阳路6号三丰大厦A座18层
　　　邮编：116023
　　　电话：0411-83620573/83620245
　　　传真：0411-83610391
　　　网址：http://www.dlmpm.com
　　　邮箱：dlcbs@dlmpm.com
印 刷 者：大连金华光彩色印刷有限公司
经 销 者：各地新华书店

幅面尺寸：165 mm×230 mm
印 张：4.5
字 数：30千字
出版时间：2020年11月第1版
印刷时间：2023年1月第2次印刷
书 号：ISBN 978-7-5505-1563-5
定 价：18.00元

目 录
MULU

第一章

怎么给垃圾分类

城市生活垃圾分为四类

可回收物、有害垃圾、
厨余垃圾、其他垃圾。

可回收物

有害垃圾

厨余垃圾

其他垃圾

可回收物

● 可回收物有哪些?

废金属

废旧纺织物

废纸

废电器

废塑料

废玻璃

可回收物,指适宜回收和资源化利用的垃圾,主要包括未被污染的废纸、废金属、废玻璃、废塑料、废弃电器电子产品、废旧纺织物和废瓶罐等。

• 可回收物投放应注意什么？

1.纸张应尽量叠放整齐，避免揉团，纸板应拆开叠放。

2.牛奶盒等食品包装盒应折叠压扁，以节省空间。

3. 瓶罐类物品应尽可能将容器内产品用尽或倒尽，并清理干净。

4. 玻璃类物品应小心轻放，以免破损割伤皮肤，最好用袋子或容器装好。

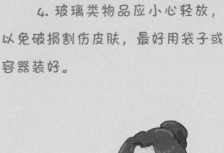

5. 织物类物品应打包整齐，定期投放到指定收集点。

有害垃圾

● 有害垃圾有哪些?

废电池

废水银温度计

废油漆

废墨盒

废药品

废杀虫剂

有害垃圾,指会对人体健康和自然环境造成直接或者潜在危害的废弃物,主要包括废电池(不含一次性电池)、废油漆、废灯管、废水银温度计和废药品等。

● 有害垃圾投放应注意什么?

1. 废弃的灯管灯泡投放时应打包固定, 以防止其破损导致有害的汞蒸气挥发到环境中。

2. 目前一次性电池已实现低汞和无汞化, 宜作为其他垃圾投放; 二次电池 (俗称充电电池, 包括镍镉、镍氢、锂电池与铅酸蓄电池)、纽扣电池均含有重金属, 要作为有害垃圾投放, 不得随意丢弃。

3. 过期药品由于过了最佳使用期限会失效或者变性, 因此属于有害垃圾。注: 许多城市每年都会组织家庭过期闲置药品回收活动哦。

厨余垃圾

● 厨余垃圾有哪些?

骨头内脏

菜梗菜叶

虾壳

蟹壳

果皮

果壳

残枝落叶

剩菜剩饭

厨余垃圾,是指容易腐烂变质的有机物垃圾,包括食堂、宾馆、饭店等产生的餐厨垃圾,农贸市场等产生的蔬菜瓜果垃圾、畜禽腐肉、碎骨、蛋壳、畜禽内脏等,居民家中产生的菜梗菜叶、剩菜剩饭、盆栽植物残枝落叶等。

● 厨余垃圾投放应注意什么?

1. 厨余垃圾应投放到专用的垃圾袋中。

2. 厨余垃圾水分多，易腐烂变质，散发臭气，既影响周边环境，也容易在收运过程中出现污水滴漏问题，所以投放时要沥干水分，扎紧袋口。

3. 厨余垃圾桶应盖好盖，以免污染周围环境。

厨余垃圾

其他垃圾

● 其他垃圾有哪些？

宠物粪便

烟头

其他垃圾，指除可回收物、有害垃圾、厨余垃圾以外的剩余垃圾。

污染纸张

破旧陶瓷品

灰土

用过的一次性餐具

其他垃圾投放应注意什么?

　　1. 用过的餐巾纸、尿片等由于沾有各类污迹，无回收再利用价值，宜作为其他垃圾处理。

　　2. 普通一次性电池（碱性电池）基本不含重金属，宜作为其他垃圾投放。

第二章

家庭垃圾分类

☆ 居民家中也需要设置分类垃圾桶吗？

居民家中产生的垃圾中：

可回收物比较洁净，可以单独堆放收集，直接或交由保洁人员纳入再生资源回收利用系统；

有害垃圾不经常产生，产生量通常也很小，每次产生时，应直接分类投放至小区有害垃圾收集容器里；

厨余垃圾和其他垃圾的产生量大，应分别准备相应的垃圾桶收集，通常在厨房、卫生间、客厅各放一个垃圾桶。

☆ 厨房里的垃圾该如何分类投放呢?

之前，有的人家习惯在厨房里放一个垃圾桶，套上垃圾袋，把厨房里的各种垃圾都投入垃圾袋中，下楼后把垃圾连垃圾袋一起扔入垃圾箱中。开展垃圾分类后，厨房里的垃圾该如何分类投放呢?

☆ 我们举例来说明吧。

做一道简单的家常菜西红
柿炒鸡蛋。从冰箱里拿出用保鲜
膜包裹的西红柿和两个鸡蛋。

把鸡蛋打入碗中，
搅拌均匀。

撕掉保鲜膜，取出西红柿，洗
净，把蒂去掉，在菜板上切好装盘。

冲洗菜板并用纸巾擦干。

可以看到，在这个过程中，产生的垃圾有蛋壳、保鲜膜、西红柿蒂、纸巾。其中，蛋壳和西红柿蒂是厨余垃圾，而用过的保鲜膜和纸巾属于其他垃圾，要分类投放哦。

吃完饭后，剩菜剩饭显然属于厨余垃圾。洗碗时，发现洗洁精这次刚好用完，洗碗布也需要更换。洗洁精瓶和洗碗布属于什么垃圾呢？

剩菜剩饭易腐烂变质，投放时要沥干水分；洗洁精瓶是塑料制品，属于可回收物；洗碗布已经受到污染，属于其他垃圾。

☆ 调味品和调味品容器怎么扔？

    过期或废弃的大酱、番茄酱等酱料及糖、盐、味精、花椒面等调味品属于厨余垃圾，应倒入装厨余垃圾的容器；

    废弃的酱油、食用油等属于纯流质的食物垃圾，应该直接倒入下水口；

    装调味品的玻璃容器属于可回收物，应洗净后存放；

    调味品的塑料包装袋已经受到污染，属于其他垃圾。

☆ 叫外卖产生的垃圾该如何处理？

叫一份外卖，不用洗菜、做菜、洗碗，十分方便快捷，已成为时下常见的用餐选择。

要注意，吃完外卖后，垃圾可不能直接扔掉，也要进行分类处理哦。

吃完外卖后，剩菜剩饭属于厨余垃圾，而一次性餐具属于其他垃圾。

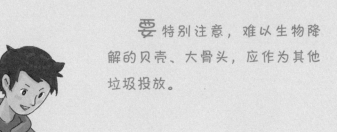

要特别注意，难以生物降解的贝壳、大骨头，应作为其他垃圾投放。

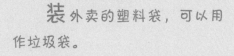

装外卖的塑料袋，可以用作垃圾袋。

☆ 吃一袋从超市购买的袋装瓜子，垃圾有瓜子壳、包装袋、干燥剂，各属于什么垃圾呢？

瓜子壳属于厨余垃圾；

包装袋是受污染的食品袋，属于其他垃圾；

干燥剂属于其他垃圾。

☆ 饮料和装饮料的容器怎么扔?

装纯流质饮料的容器,丢弃前应该把喝剩的饮料直接倒掉;

　　果肉等非流质部分,作为厨余垃圾丢弃;

　　易拉罐是金属制品,属于可回收物,塑料瓶、玻璃罐、牛奶盒等也是可回收物。

☆ 装饮料的塑料瓶包括瓶盖、瓶身和瓶身上的
　　塑料纸三部分,需要分开扔吗?

无需将瓶盖、瓶身和瓶身上的塑料纸分开扔,但建议把塑料瓶压扁后再扔入可回收物收集容器,以节约空间。

☆ 喝剩下的冲泡饮品该怎么扔？

　　首先要把剩下的液体部分倒掉，茶叶渣、中药渣、现磨咖啡剩余的咖啡豆残渣等都属于厨余垃圾，应扔到厨余垃圾收集容器里。

☆ 有一个装有电池的塑料玩具小车不用了，该怎么扔呢？

首先要把电池从小车里卸下来。塑料玩具属于可回收物。电池呢，要看看属于哪种电池。普通一次性干电池，属于其他垃圾；而蓄电池、锂电池、纽扣电池属于有害垃圾，要投放到废电池专用收集容器中。

☆ 儿童玩具都属于可回收物吗？

塑料玩具、毛绒玩具属于可回收物，而橡皮泥、轻质黏土等属于其他垃圾。

第二章 家庭垃圾分类

☆ 2020年春，突如其来的新冠肺炎疫情让口罩、医用酒精、含氯消毒剂等用品的需求大增。用过的口罩及医用酒精瓶、消毒剂瓶该如何处理呢？

现在很多地方设置了专门收集废弃口罩的垃圾桶，最好将口罩塞进塑料袋中，扎紧袋口，再投放到专门的垃圾桶中。如果没有专门的垃圾桶，则一定要将口罩塞进塑料袋中，扎紧袋口，再投放到其他垃圾收集容器中。

生活中，医用酒精使用完毕后，医用酒精瓶用清水清洗干净后属于可回收物。

消毒剂瓶属于有害垃圾，要投放到有害垃圾收集容器中。

☆ 其他和医疗有关的垃圾，
   如过期药品、X光片、用
   过的退热贴、用过的棉
   签，该怎么处理呢？

过期药品属于有害垃圾，
要连同包装容器一起投放到
有害垃圾收集容器中，也可投放到药房或医院的废旧药品回收箱
中；X光片的感光材料中含有有害成分，也属于有害垃圾。

有害垃圾要及时处理，如果处置不当，会对环境造成污染，
对人体造成潜在危害。

用过的退热贴、家庭消毒用的棉签属于其他垃圾。

☆ 温度计属于有害垃圾吧？

要看是哪种温度计。水银温度计中
含毒性很大的汞，属于有害垃圾；电子
温度计是一种电子产品，属于可回收物。
废旧电子产品需要经过专业的拆解和处
理，以达到再利用和防污染的目的。

☆ 打碎的花盆或花瓶怎么扔?

要看是什么材质的。破碎的玻璃制品属于可回收物，废玻璃再利用，可以节约资源；而破碎的陶瓷制品属于其他垃圾，不再有循环利用的价值。投放时要注意安全，最好把尖锐的边角包裹起来，轻轻投放。

市民垃圾分类指南

☆ 废弃的电热水壶、榨汁机、热水瓶等属于什么垃圾呢？

电热水壶一般是金属制品，属于可回收物；

榨汁机的外壳一般是塑料制品或金属制品，具有回收再利用价值，属于可回收物；

热水瓶的内胆一般是金属制品或玻璃制品，属于可回收物，其塑料或金属外壳也属于可回收物。

☆ 电蚊香器和用过的电热蚊香片、电热蚊香液
　属于什么垃圾呢？

电蚊香器外壳
一般是塑料制品，具
有回收再利用价值，
属于可回收物；电热
蚊香片、电热蚊香液
属于有害垃圾。

☆ 杀虫剂瓶和点燃盘式蚊
　香产生的蚊香灰也属于
　有害垃圾吧？

杀虫剂瓶属于有害垃圾；蚊香
灰属于其他垃圾，听说可以放在花盆
里，做植物的肥料哦。

☆ 荧光灯、节能灯、白炽灯的灯泡或灯管怎么扔？

各类灯泡和灯管都属于有害垃圾，投放时要小心轻放、防止破碎。破碎的灯泡和灯管应用纸包裹好并用胶带缠好后再投放。

☆ 烟头、打火机属于什么垃圾呢?

烟头属于其他垃圾,丢弃时请确保火星熄灭,以免引起火灾;打火机也属于其他垃圾,投放时应尽量放尽其中剩余的燃液。

☆ 清扫后收集起来的灰土和落发如何处理？

灰土、落发都属于其他垃圾，可装入塑料垃圾袋中，之后一并投放至收集其他垃圾的垃圾箱中。

☆ 使用过的厕纸、纸尿裤、卫生巾等怎么扔呢？

使用过的厕纸、纸尿裤、卫生巾等属于其他垃圾。可在卫生间里放一个小容量的垃圾桶，垃圾桶内套垃圾袋，把厕纸、纸尿裤、卫生巾等投入其中。注意卫生间里的垃圾不要长时间存放，以免滋生细菌。

市民垃圾分类指南

☆ 过期的化妆品属于什么垃圾?

注意啦, 过期的化妆品属
于有害垃圾, 应投入有害垃圾
收集容器中。

☆ 旧报纸、书刊等怎么扔？

废旧报纸、书刊等首先可以考虑送给有需要的人。它们属于可回收物，脱墨后打成纸浆可制成再生纸，有较高的回收再利用价值。回收时应折好压平存放，并捆绑好，避免受到污染。

☆ 废旧纺织物怎么扔？

用于捐赠的旧纺织物应清洗干净后打包送到民政部门设置的捐赠点。衣服、毛巾、棉被等废旧纺织物属于可回收物，回收后可以制成再生纤维。需要注意的是旧内衣裤、拖布及污损严重的衣服等没有回收再利用价值，属于其他垃圾。

☆ 宠物垃圾怎么扔?

过 期的宠物饲料属于厨余垃圾;猫砂和宠物粪便等属于其他垃圾。

带 宠物外出时,应该随身携带小铲子和塑料袋等,以便随时清理宠物粪便。装有宠物粪便的塑料袋,可直接投入其他垃圾垃圾箱,也可带回家,通过抽水马桶处理宠物粪便,将塑料袋作为其他垃圾来处理。

☆ 家里要更换家具，废弃家具怎么处理呢？

废弃家具属于大件垃圾。大件垃圾是指重量超过5公斤，体积超过0.2立方米，长度超过1米的旧家具、办公用具、包装箱等废弃物。

大件垃圾不要和生活垃圾混合投放，可以预约废品回收经营者进行回收，或者在投放前拨打各区收运服务电话预约时间到指定投放地点投放。

第二章 家庭垃圾分类

☆ 装修时产生的垃圾该如何处理呢？

装修垃圾是指装饰装修房屋过程中产生的弃土、弃料等废弃物，包括建材垃圾和物件垃圾。建材垃圾，如土堆水泥、废旧木头、废旧砖块、废旧瓷砖等；物件垃圾，如废旧马桶、废旧浴缸、废旧面池、废旧地板等。

装修垃圾应在排放前拨打各区收运服务电话预约时间到指定投放地点排放。

注意：油漆和油漆桶等属于有害垃圾。

第三章

办公场所垃圾分类

☆ 办公场所常见的垃圾有哪些呢？

办公场所常见的垃圾有：

废弃的文件、报刊、塑料文件夹、金属夹等可回收物；纽扣电池、日光灯、节能灯、废弃消毒液等有害垃圾；茶叶渣、咖啡渣、办公单位养的花卉绿植等厨余垃圾；铅笔、圆珠笔、橡皮、卫生纸等其他垃圾；淘汰的办公桌椅等大件垃圾。

☆ 办公场所如何设置垃圾桶？

办公区域：

　　设置可回收物、其他垃圾两种收集容器，可在原有垃圾桶上粘贴标识。

公共区域：

　　在出入通道、电梯口、楼层廊道、办事大厅、院落、停车场等需要设置垃圾收集容器的公共区域内，根据实际需要设置，并在醒目位置设置垃圾分类指引标识。

卫生间区域：

单位卫生间可设置一个其他垃圾的收集容器。保洁员应将其他垃圾中目视可见的可回收物和有害垃圾进行二次分拣并分类，将分类后的垃圾送到单位垃圾分类收集处，分类暂存。

食堂区域：

某些单位有食堂或就餐区域，可在餐具集中回收处设置分类垃圾桶。使用过的餐巾纸、牙签等投放至其他垃圾桶内，吃剩的饭菜投放至厨余垃圾桶内，并设置醒目标识。

注：可回收物单独存放，有害垃圾投放至单位有害垃圾归集点。

☆ 办公常用的打印机的废墨盒、废硒鼓、废色
  带属于什么垃圾？

我们办公中常用的打印机有激光打印机、喷墨打印机、针式打印机。激光打印机的耗材是硒鼓，喷墨打印机的耗材是墨盒，针式打印机的耗材是色带，它们都属于有害垃圾，一旦处置不当造成污染，对人体和环境的伤害都很大，所以要小心处理。

☆ 仓库里存放的废弃电脑怎么处理？

电脑外壳、内置的芯片等都有回收再利用价值，废弃的网线和数据线内一般有可回收的金属，建议预约专门回收经营者进行回收。

☆ 单位的废纸怎么处理？

　　办公室日常工作中需要大量纸张，有些纸张是可回收再利用的，应投放到可回收物收集容器内；而那些受污染且无法再利用的纸张，如复写纸、压敏纸、收据等，应丢放至其他垃圾收集容器内。

☆ 单位常用的办公用品，如签字笔、铅笔、橡皮、涂改液、荧光笔、剪刀、文件夹等属于什么垃圾？

这些常用的办公用品分属不同类型的垃圾。其中，签字笔、铅笔、回形针、橡皮等物品属于其他垃圾。

涂改液、荧光笔属于有害垃圾。有害垃圾投放时应注意轻放，易挥发的有害垃圾应密封好进行投放，不能随意乱扔。

剪刀、美工刀片等一些金属办公用品属于可回收物。处理报废的美工刀片时，最好是用胶带将刀片缠绕好，避免接触者受伤。

档案袋、文件夹也属于可回收物，要好好回收利用哟。

☆ 废弃的快递包装物怎么处理？

　　一份快递通常包含一个纸箱、一个内装塑料袋、一大把气泡填充材料、缠了好几圈的胶带、一张运单。收到商品，丢掉包装的同时，快递垃圾也随之产生。

　　处理快递时，首先要把快递运单上的个人信息处理掉，保护我们的隐私。快递运单属于其他垃圾。内装塑料袋、气泡填充材料、包装用的胶带也是其他垃圾。而快递纸箱是可以回收再利用的，可以压扁集中投放到单位的可回收物收集容器中；还可以将纸箱做成漂亮的收纳盒，变废为宝。

1.尽量不用一次性签字笔、圆珠笔。

2.尽量采用无纸化办公，减少纸张的使用。

3.尽量不使用一次性杯子。

第四章

公共场所垃圾分类

☆ 公共场所为什么要开展垃圾分类？

医院、学校、写字楼、车站等人流聚集的公共场所，被认为是开展垃圾分类的难点。原因是什么呢？公共场所的约束力量比较弱，更多依靠人们的自觉性。在"习惯"尚未养成的情况下，"自觉性"难免靠不住。而医院环境的特殊性、车站的巨大人流量等，也在无形中增加了垃圾分类的难度。但我们不能让公共场所成为垃圾分类的薄弱环节。

☆ 止血贴、针头等医院里常见的医疗垃
圾怎么处理？

医疗垃圾可以说是人们日常能接触到的最危险的废物。在医院里，患者接触最多的针头、止血贴、纱布等在使用过后都属于感染性废物。医院会及时收集本单位产生的医疗废物，并按照类别分置于防渗漏、防锐器穿透的专用包装物或者密闭的容器内，由专人定时、定路线用专用垃圾桶收集到医疗垃圾暂存点，再由指定医疗垃圾处置单位集中处理。

医院里除了医疗垃圾以外，也会产生生活垃圾，这两类垃圾是需要分开处理的。

☆ 大家都爱吃烧烤，这用过的烧烤签子
　　是什么垃圾？

　　烧烤店一般使用金属签子、竹签子，金属签子属于
可回收物，竹签子属于其他垃圾。

☆ 看完电影后，喝不完的珍珠奶茶怎么
处理？

一杯珍珠奶茶如果喝不完，扔起来是很麻烦的。首先要把剩下的奶茶倒入下水道，然后把里面的"珍珠"等固体倒入厨余垃圾收集容器，再把奶茶杯子放入其他垃圾收集容器，最后把杯盖放到可回收物收集容器。因此大家要么就别喝奶茶，有助于减肥，要么就把它喝干净吧。

☆ 我们在美术课上用的颜料、报废的画
笔属于什么垃圾？

　　水彩颜料、油画颜料、画笔属于其他垃圾，油漆颜料
属于有害垃圾。

☆ 地铁车站为什么一般只有两种垃圾桶?

乘坐地铁禁止携带危险物品，禁止在车厢内饮食，故而地铁车站一般不设有害垃圾、厨余拉圾的收集容器，只有收集可回收物和其他垃圾的垃圾桶。请遵守乘车秩序，一旦在地铁内产生水果皮等厨余垃圾，请携带到有这类垃圾收集容器的地方进行投放。

☆ 机场提供的一次性纸杯是什么垃圾？

　　这些一次性纸杯属于其他垃圾。这种纸杯表面压了一层极薄的塑料膜，这层膜在后期处理时很难剥离，所以连带纸杯也失去了再利用的价值。

☆ 在火车站候车的很多旅客喜欢泡方便面，吃完面丢弃的泡面桶是什么垃圾？

节约用水

泡面桶属于其他垃圾。泡面桶是一次性餐具，所用材料有纸张和塑料膜、光膜，在冲泡方便面之后，泡面桶就会受到食物的污染。而且高温液体可能会让泡面桶的材料发生反应，产生对人体有害的物质，因此它无法回收再利用。丢弃的时候，要注意避免残余的面汤漏出，污染环境。

小倡议

去超市购物要自带环保袋，不用塑料袋。

在外就餐时，点餐要适量，若有剩菜要打包带走，减少浪费。建议使用可重复使用的餐具，尽量不用一次性餐具和纸巾等。

出门旅游时，自带可重复使用的杯子和洗漱用品，既干净又环保。

中国环境标志　　　循环利用标志　　中国节能认证标志

　　自觉遵守公共场所的规定，尽量避免产生垃圾。

　　建议购买并使用有中国环境标志、循环利用标志和中国节能认证标志的商品。

第五章

垃圾的处理与利用

垃圾被我们丢掉之后去了哪里呢？

每天，城市生活中都要产生很多垃圾。城市垃圾分类体系包括分类投放、分类收集、分类运输、分类处理等。

● 分类投放

对有害垃圾，设置专门的场所或容器进行分类投放，并设置醒目标识。

对厨余垃圾，设置专门容器单独投放。

对可回收物，在公共机构、社区、企业等场所设置专门的分类回收设施。

垃圾房、转运站、压缩站等要适应和满足分类要求。

● 分类收集

对不同种类的有害垃圾进行分类收集，并需委托专业单位收运。

公共机构和企业产生的厨余垃圾应由专人清理，避免混入废餐具、废塑料、废饮料瓶罐、废纸等，并做到"日产日清"。按规定建立台账制度（农贸市场、农产品批发市场除外），记录厨余垃圾的种类、数量、去向等。

可回收物可自行运送，也可采取电话、网上预约的方式由再生资源回收企业上门收集。

推进垃圾收运系统与再生资源回收利用系统的衔接，建设兼具垃圾分类与再生资源回收功能的交投点和中转站。

● 分类运输

分类投放和收集的生活垃圾要实现分类运输。

根据有害垃圾的种类和产生数量，合理确定或约定收运频率。危险废物运输、处置应符合国家有关规定。

厨余垃圾应采用密闭性好的专门车辆运送至专业单位进行处理，运输过程中应加强对泄漏、遗撒和臭气的控制。

● 分类处理

有害垃圾单独收集后，送至环境保护部门认定的具有相应经营资质的单位进行彻底无害化处理。

厨余垃圾送厨余垃圾处理厂进行无害化处理和资源化利用。

● 分类统计及基层管理机制

可回收物、有害垃圾、厨余垃圾和其他垃圾的分类统计体系，可以确保分类垃圾统计数据全面、真实、准确。

垃圾分类基层管理机制：

发挥基层管理作用，街道、社区、物业发动楼长、分类宣传员、指导员、分拣员、监督员等，入户动员，加强对居民和垃圾强制分类单位的宣传和指导，提升垃圾分类公众参与水平。

● 城市生活垃圾分类收运管理模式

定点回收机构或回收企业

可回收物由收运企业集中送往定点回收机构或由回收企业定时到投放点收购。

厨余垃圾处理厂

厨余垃圾由收运企业收集，送至厨余垃圾处理厂。

取得环保部门许可的专业处置企业

有害垃圾送环保部门指定地点，由环境保护部门按照国家规定处置。

焚烧厂、填埋场

其他垃圾送往填埋场或焚烧厂，最终进行卫生填埋或焚烧处置。

市民垃圾分类指南